BEI GRIN MACHT SICH IHR WISSEN BEZAHLT

- Wir veröffentlichen Ihre Hausarbeit, Bachelor- und Masterarbeit

- Ihr eigenes eBook und Buch - weltweit in allen wichtigen Shops

- Verdienen Sie an jedem Verkauf

Jetzt bei www.GRIN.com hochladen und kostenlos publizieren

Bibliografische Information der Deutschen Nationalbibliothek:

Die Deutsche Bibliothek verzeichnet diese Publikation in der Deutschen National-
bibliografie; detaillierte bibliografische Daten sind im Internet über http://dnb.d-
nb.de/ abrufbar.

Dieses Werk sowie alle darin enthaltenen einzelnen Beiträge und Abbildungen
sind urheberrechtlich geschützt. Jede Verwertung, die nicht ausdrücklich vom
Urheberrechtsschutz zugelassen ist, bedarf der vorherigen Zustimmung des Verla-
ges. Das gilt insbesondere für Vervielfältigungen, Bearbeitungen, Übersetzungen,
Mikroverfilmungen, Auswertungen durch Datenbanken und für die Einspeicherung
und Verarbeitung in elektronische Systeme. Alle Rechte, auch die des auszugsweisen
Nachdrucks, der fotomechanischen Wiedergabe (einschließlich Mikrokopie) sowie
der Auswertung durch Datenbanken oder ähnliche Einrichtungen, vorbehalten.

Impressum:

Copyright © 2006 GRIN Verlag, Open Publishing GmbH
Druck und Bindung: Books on Demand GmbH, Norderstedt Germany
ISBN: 9783640521814

Dieses Buch bei GRIN:

http://www.grin.com/de/e-book/143041/tadschikistan

Paulina Holbreich

Tadschikistan

Entwicklungspotentiale einer Transformationswirtschaft

GRIN Verlag

GRIN - Your knowledge has value

Der GRIN Verlag publiziert seit 1998 wissenschaftliche Arbeiten von Studenten, Hochschullehrern und anderen Akademikern als eBook und gedrucktes Buch. Die Verlagswebsite www.grin.com ist die ideale Plattform zur Veröffentlichung von Hausarbeiten, Abschlussarbeiten, wissenschaftlichen Aufsätzen, Dissertationen und Fachbüchern.

Besuchen Sie uns im Internet:

http://www.grin.com/

http://www.facebook.com/grincom

http://www.twitter.com/grin_com

Universität Hamburg
Institut für Geographie
SS 2006
Oberseminar: GUS

Tadschikistan

Entwicklungspotentiale einer Transformationswirtschaft

Verfasst von: Paulina Holbreich

1   Einleitung

Das zentralasiatische Land Tadschikistan, die kleinste der zentralasiatischen Republiken, war in der Vergangenheit als Rohstofflieferant in dem sowjetischen Produktionskomplex eingebunden. Die planwirtschaftliche Abhängigkeit machte es unmöglich die Wirtschaft innerhalb der Republik vielfältig zu entwickeln. Tadschikistan exportierte Baumwolle, Obst und Gemüse sowie Aluminium und Buntmetalle in die ganze UdSSR und war auf den Import wichtiger Verbrauchsgüter, Nahrungsmittel und Maschinen angewiesen.

Die Zeit nach dem Zerfall der Sowjetunion nach 1989 war in Tadschikistan allerdings nicht nur mit den Schwierigkeiten der wirtschaftlichen Transformation und Neuorganisation, dem Übergang von der Plan- zur Marktwirtschaft, verbunden, sondern auch mit einer politischen Krise, die schließlich zum Bürgerkrieg führte.

In dieser Hausarbeit wird zunächst eine grundlegende physisch- sowie antropogeographische Übersicht geben. Die Abschnitte Relief, Klima und Hydrologie beleuchten die wichtigsten naturräumlichen Gegebenheiten, die am prägnantesten für Tadschikistan sind.

Die nachfolgenden Teilabschnitte zur Geschichte, Bevölkerung, Siedlungen und Wirtschaft geben einen sozial-geographischen Überblick und zeigen einige historisch-kulturelle Problematiken des Landes auf, die sich nach dem Zerfall der Sowjetunion im Bürgerkrieg entladen hatten.

Der wirtschafts-geographische Schwerpunkt, der dieser Arbeit zu Grunde liegt, macht es unumgänglich auf die Transformationszeit ab 1991 und dabei auch kurz auf die politische Situation einzugehen. In dem vierten und letzten Abschnitt werden die Themen Bürgerkrieg, wirtschaftliche Potentiale der Transformationswirtschaft und zum Schluss der Drogenhandel an der tadschikisch-afghanischen Grenze behandelt.

2   Physischgeographische Einordnung

In diesem Abschnitt sollen die physisch-geographischen Aspekte des Landes näher beleuchtet werden. Extreme klimatische Verhältnisse sind für Tadschikistan sehr prägend und spiegeln sich in der Kultur und Lebensweise der Bevölkerung wider. Auch die vielfältige Oberflächengestalt Tadschikistans bildet die Grundlage für die kulturelle und wirtschaftliche Entwicklung des an den Pamir und den Himalaja grenzenden Landes. Das große Potential an

Reliefenergie macht es dem Binnenstaat möglich riesige hydrologische Kräfte sich zu Nutze zu machen.

Räumlich erstreckt sich das Staatsgebiet Tadschikistans zwischen dem 40° und dem 38° n. Breite und 70° ö. Länge. Das Land grenzt im Norden an Kirgistan, im Süden an Afghanistan, im Westen an Usbekistan und im Osten an China.

2.1 Relief

Das 143 100 km² große Staatsgebiet Tadschikistans befindet sich in einer seismisch aktiven Zone und ist zu 93% gebirgig. Das in der alpidischen Orogenese entstandene Faltengebirge ist geomorphologisch noch sehr jung und es sind immer noch Plattenbewegungen der Indischen Platte vorhanden. Diese Verschiebungen äußern sich durch mehr oder weniger starke Erdbeben, die ihrerseits Erdrutsche auslösen. Diese beiden Risikofaktoren spielen nicht nur im alltäglichen Leben der Bevölkerung eine Rolle, sondern auch in der Bauwirtschaft und insbesondere beim Bau von Energieversorgungsanlagen wie Wasserkraftwerken und Staudämmen.

Tadschikistan besteht geomorphologisch zwar zum größten Teil aus Hochgebirge, es lässt sich jedoch in fünf Relieflandschaften unterteilen. Das im Norden gelegene Fergana Becken und die Tiefländer im Süd-Westen befinden sich auf Höhen 300-1000 m ü. NN. und sind durch Hochgebirgszüge der Alai-Gebirgskette von allen Seiten umrahmt, was zu einem relativ trockenen Klima (s.o. Chudjand) führt. Die Sarafschan-Bergkette, entlang dem im Tal verlaufenden gleichnamigen Flusses, weist bereits Höhen bis zu 2000m auf. Das Gisar-Gebirge, wo sich im Gisar-Tal die Hauptstadt des Landes erstreckt, zählt ebenfalls noch zu den weniger steilen und hohen Bergmassiven. Der Rest des Landes gehört einem Teil des Pamir-Gebirges an.[1] Die höchsten Erhebungen sind Pik Lenina (7 134m) und Pik Kommunisma (7 495m) beide im Nord-Osten und ehemals zwei der insgesamt drei höchsten Erhebungen der Sowjetunion.[2] Das Pamir-Gebirge ist stark vergletschert und der Fedschenko Gletscher ist mit 77 km der längste Eurasiens.[3] Im Süden grenzt das Land an den Hindukusch.

---

[1] vgl. Karger,A. (1985): S.55
[2] vgl. Curtis, G.E ed. (1996): S. 219
[3] vgl. Karger,A. (1985): S.55

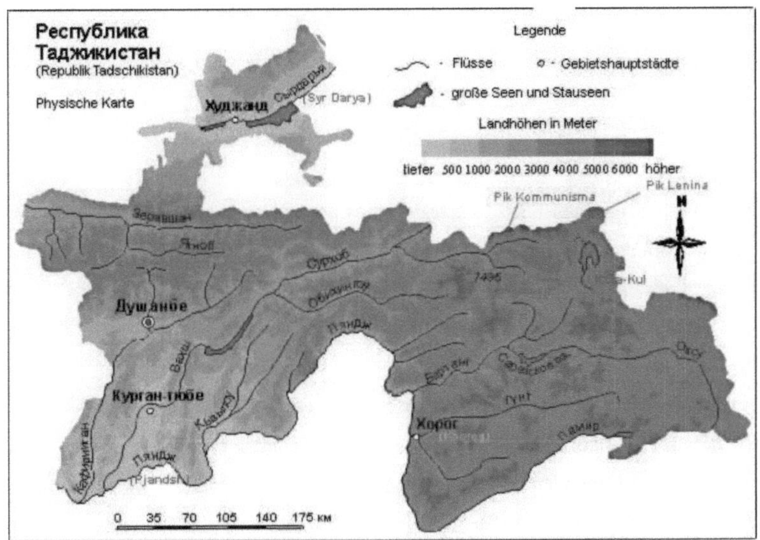

Abb. 1 Höhenkarte Tadschikistan
Quelle: http://enrin.grida.no/htmls/tadjik/soe2/rus/htm/maps.htm (Nachbearbeitung von Paulina Holbreich)

2.2 Klima

Tadschikistan befindet sich in einer kontinentalen Lage. Das Land ist in mehrere klimatische Zonen eingeteilt. In Duschanbe, der Hauptstadt des Landes, die sich im westlichen Zentralgebiet befindet ist das Klima warmgemäßigt mit einer Trockenzeit in den Sommermonaten. Die durchschnittliche Temperatur im Juli beträgt 27,1 C°. In den Monaten September bis Mai kommt es hier zu reichhaltigen Niederschlägen, die sich im ganzen Jahr auf 568mm summieren und gleich verteilt, auch in Form von Schnee, niedergehen.

Etwas nördlicher in Chudjand ist das Klima viel trockener. Es fällt im ganzen Jahr nur 165mm Niederschlag, der vor allem in den Wintermonaten niedergeht. Man kann diesen Bereich in die Zone der Trockenklimate einordnen, sowie eine Steppenvegetation zuordnen. [4]

Der Rest des Landes, der auf Höhen von über 1000m über NN liegt, wird den Hochlandklimaten zugeordnet. Die Juli Temperaturen des im Osten gelegenen Pamirgebirges mit Höhen bis zu 7400m erreichen nur +5°C und fallen im Winter auf Minus 15-20°C. Das

---

[4] www.klimadiagramme.de
vgl. Strahler, A. (1999): S. 188

Niederschlagmaximum mit 2 236mm im Jahr wird im Fedschenko Gletscher im Nord-Osten des Landes erreicht.[5]

2.3 Hydrologie

Die zwei wichtigsten und größten Flüsse Zentralasiens und Tadschikistans sind der Syrdarja im Norden und der Amudarya/Pjandsh im Süden (Abb.1). Ihre wichtigsten Nebenflüsse sind der Vahsh und der Kafirnighan.

Der Syrdarja hat eine Gesamtlänge von 2400 km, davon fließen 195km im nördlichen Tadschikistan. Der Amu Darja führt die größten Wassermengen im zentralasiatischen Flusssystem. Der obere Abschnitt dieses 921km langen Flusses, der an der afghanisch-tadschikischen Grenze verläuft heißt Pjandsh. Dort wo die Nebenflüsse Vahsh und Kafirnighan in den Pjandsh münden ändert sich der Name auf dem Gebiet Turkmenistans in Amudarya. Die Flüsse werden vor allem durch das Schneeschmelz- und Gletscherwasser gespeist, aber auch die Menge der Niederschläge spielt insbesondere im Frühjahr eine erhebliche Rolle.[6]

Der größte natürliche See Tadschikistans ist der Kara-Kul (der „Schwarze See"), im Nord-Osten, der jedoch ein Salzsee ist und in einer Höhe von ca. 4000m liegt. Die Wassertemperaturen sind das ganze Jahr über sehr niedrig und das salzhaltige Wasser ist lebensfeindlich.

Tadschikistans zahlreiche Flüsse, die 1300 Bergseen und Gletscher haben einen unmittelbaren Einfluss auf das Zuflussvolumen des zentralasiatischen Aralsees. Der Wasserspiegel des Sees ist in den Jahren 1950-2000 von ca. 53m über NN um 17-20m gesunken. Da jeder See stark vom Wasserhaushalt seines Einzugsgebiets abhängt, haben die beiden großen Flüsse Amu-darya und Syrdarja, die in den Aralsee münden, einen nicht unerheblichen Einfluss auf das Phänomen der Verlandung. Sie liefern rund 44% (51 Mrd. km³) der jährlichen Wasserzufuhr in den Aralsee und werden zu 90% in den Bergen Tadschikistans mit Wasser gespeist.[7] Die zahlreichen Wasserkraftwerke und Stauseen, die seit den 50er Jahren in Tadschikistan gebaut wurden (siehe 4.2) haben daher unmittelbaren Einfluss auf die Situation am Aralsee. Die Regulierung der Flusssysteme führte unter anderem auch zu einem erhöhten Erosionsvolumen im Flussbecken und an den Flussufern.

---

[5] vgl. Curtis, G.E ed. (1996): S.223
[6] vgl. Franz,H-J (1974): S.460
[7] http://enrin.grida.no/htmls/tadjik/soe2/rus/htm/water/state.htm

3   Antropogeographische Übersicht

Im folgenden Abschnitt soll nun kurz auf die Geschichte Tadschikistans vor und nach der Eroberung durch die sowjetische Macht Anfang des 20. Jahrhunderts eingegangen werden. Danach werden die bevölkerungsgeographischen Grundlagen sowie die Siedlungssituation näher erläutert, wobei unter anderem auf die Emigration der russischen Bevölkerung in der post-sowjetischen Zeit eingegangen wird. In Abschnitt 3.4 wird schließlich die wirtschaftliche Situation des Transformationslandes geschildert, wobei vor allem Daten ab 1997 dargestellt werden, da die Datengrundlage in der Periode 1989-1997, auf Grund des Bürgerkriegs, sehr schlecht ist.

3.1 Historische Hintergründe

Schon seit dem 6. Jahrhundert v. Chr. sind die Täler und Flussebenen im Pamirhochland besiedelt gewesen. Die ausgeprägte Eigenständigkeit in ihrer kultureller Entwicklung der von der Außenwelt abgeschnittenen und schwer zugänglichen Orte spiegelt sich im Erhalt mehrerer isolierten ostiranischen Sprachen und der religiösen Zugehörigkeit zu den Ismailiten (eine Richtung des shiitischen Islam) wider. [8] Erst in Folge der zaristischen Expansionspolitik Ende des 19. Jahrhunderts entstanden die zentralasiatischen Republiken, die nach dem Kriterium der „Sprachzugehörigkeit" gebildet wurden und zur Bildung der neuen Nationen führten. Tadschikistan bildete hier einen Sonderfall, da es zunächst als politische Einheit zuerst gar nicht vorgesehen war. 1924 wurde die Tadschikische Autonome Sozialistische Sowjetrepublik ohne das nördliche Chudjand in die Usbekische SSR eingegliedert. Erst 1929 erhielt Tadschikistan unter dem Einfluss von Chudjand den Status einer eigenständigen Sowjetrepublik.[9]

---

[8] Gumpenberg, M.-C. von. (2002): S. 263
[9] Reissner, J. (1997): S. 25

3.2 Bevölkerung

Die Bevölkerungszahl wurde im Jahr 2003 auf etwa 6 Mio. geschätzt. Die ethnische Zusammensetzung besteht aus Tadschiken (80%), Usbeken (15,3%), Russen (1,1%) sowie anderen Nationalitäten (Tataren, Kirgisen u.a.).[10] Die russische Bevölkerung, die meist in größeren Städten des Landes konzentriert ist, verzeichnete mit dem Zusammenbruch der Sowjetunion ab 1989 einen starken Rückgang. Von 380 000 Russen, die noch 1989 in Tadschikistan lebten sind 300 000 in den Jahren nach der Unabhängigkeit ausgewandert. Gründe dafür waren interethnische Konflikte d.h. „eine antirussische Stimmung im Alltagsleben".[11] Das Sprachengesetz, welches 1989 verabschiedet wurde, schrieb Tadschikisch als erste Sprache und als Voraussetzung für alle Angestellten im öffentlichen Dienst vor. Außerdem wurde ab 1991 an allen Hochschulen des Landes nur in Tadschikisch unterrichtet, was die russischsprachige Bevölkerung vom Zugang zu diesen Bildungseinrichtungen ausschloss bzw. extrem erschwerte. Zu diesem Zeitpunkt beherrschten nur etwa 10% der Russen Tadschikisch (auch Farsi oder Dari).[12]

Auch viele Tadschiken verließen das Land in den Jahren 1992/93 als der blutige Bürgerkrieg ausbrach. Schätzungen benennen eine Zahl von 500 000 Flüchtlingen, die ins Ausland oder in andere Landesteile geflohen sind, dann nach dem Ende des Krieges aber meist zurückgekehrt sind.[13]

3.3 Siedlungen und administrative Gliederung

Der Anteil der städtischen Bevölkerung in Tadschikistan beträgt nur 33%.[14] Dieser kleine Urbanisierungsgrad deutet auf die traditionelle Lebensweise der Tadschiken hin, die meist in ihren „Kishlaks" (Dörfer) wohnen und nur zum arbeiten in die größeren Städte oder Siedlungen fahren. Die größten Städte des Landes liegen in ihren Einwohnerzahlen weit unter der Millionengrenze. So leben in den Gebietshauptstädten Duschanbe (500 000), Chudjand (160 000), Kuljab (80 000) und Chorog (22 000) nur insgesamt knapp 900 000 Menschen.

---

[10] Fischer Weltalmanach 2006
[11] vgl. Buschkow, W. (1997): S.22
[12] vgl. ebd. S. 8-9
[13] vgl. Curtis, G.E ed. (1996): S. 323
[14] Fischer Weltalmanach 2006

Tadschikistan wurde auf Druck der sowjetischen Regierung ab ca. 1930 verstärkt urbanisiert. Die Urbanisierungsrate von 10% 1926 stieg in nur 30 Jahren auf die heutige 33% Marke. Diese Entwicklung ging nicht nur mit einer Industrialisierung einher, sondern folgte einer gezielten Umsiedlungspolitik.[15] Die Menschen wurden nicht nur innerhalb des Landes umgesiedelt, auch kamen viele andere Nationalitäten nach Tadschikistan, nicht nur um es wirtschaftlich aufzubauen, sondern auch aus politisch-strategischen Gründen, um die Gefahr nationalistischer Aufstände in der neuen Republik zu mindern.

Die administrative Gliederung des Landes in insgesamt fünf Regionen bzw. Provinzen gibt auch ihre macht-politische Stellung innerhalb Tadschikistans wieder. In Abbildung 2 sind Provinzen Leninabad, Duschanbe, Zentralregion, Chatlon und Gorno-Badachschan mit den jeweiligen Hauptstädten dargestellt.

Abb. 2 Administrative Gliederung Tadschikistans

Quelle: Reissner, J. (1997): S.10. (eigene Nachbearbeitung)

Die Stadt Chudjand in der nördlichen Provinz Leninabad galt schon seit den 1920 Jahren als der Sitz der Herrschaftselite der kommunistischen Partei. Sie ist räumlich durch das im Süden verlaufende Sarafschon-Gebirge isoliert. Auch der hohe Anteil usbekischer

---

[15] vgl. Curtis, G.E ed. (1996): S. 228

Bevölkerung sondert diese Provinz historisch vom Rest des Landes ab. Im Unterschied zu den übrigen Städten Tadschikistans setzten hier die Modernisierungs- und Industrialisierungsprozesse schon viel früher ein und lieferten somit der Region einen gewissen wirtschafts-politischen Vorsprung gegenüber den übrigen Provinzen. [16]

Die Hauptstadt des Landes Duschanbe („Montagsmarkt") bildet ein eigenständiges Verwaltungsgebiet, welches in der Zentralregion liegt und das Produkt strikter sowjetischer Planung ist. Noch 1926 war sie eine kleine Garnisonstadt mit nur 5 607 Einwohnern (38% Russen), bis 1993 wuchs die Hauptstadt bis auf 528 000 Einwohner an. [17]

Die Provinz Chatlon schließt südlich an die Zentralregion an. Östlich davon befindet sich die autonome Provinz Gorno-Badachschan. Zwischen den Bewohnern dieser beiden Ragionen gab bzw. gibt es seit altersher Spannungen unter anderem religiöser Natur. Die Kuljabis (Bewohner Chatlons) gehören der sunnitischen und die Pamiris (so werden die Gorno-Badachschaner genannt) der schiitischen Religionsgruppe an.

Diese von den Sowjets aufgezwungene administrative Gliederung Tadschikistans spielt in der post-sowjetischen Ära und dem Bürgerkrieg ab 1991 eine nicht minderwertige Rolle. Darauf wird im Abschnitt 4. noch näher eingegangen.

3.4 Wirtschaft

Am 9. September 1991 erklärte die Tadschikische SSR ihre Unabhängigkeit von der Sowjetunion. Die ersten Jahre der wirtschaftlichen und politischen Transformation waren für dieses zentralasiatische Land mehr als schwierig. Die neu aufgeflammten ethnischen, religiösen und macht-politischen Konflikte stürzten das Land zunächst in einen Bürgerkrieg. Die Wirtschaft erlitt einen Einbruch und der Lebensstandart sank um 17% gegenüber dem von 1985[18]. Erst ab 1997 begann sich die Wirtschaft zu erholen und das BIP wies 2001 eine durchschnittliche Wachstumsrate von jährlich 10% auf. [19]

Abbildung 3 zeigt die Aufteilung der Wirtschaft in Sektoren und den jeweiligen prozentualen Anteil der Beschäftigten. Der Dienstleistungssektor dominiert zwar mit einem Anteil von 56% am BIP gefolgt vom Agrarsektor mit seinen 23%, jedoch sind über die Hälfte der tadschikischen Bevölkerung (66%) im Agrarsektor tätig, obwohl nur 7 % der Fläche des

---

[16] vgl. Reissner, J. (1997): S.34
[17] Reissner, J. (1997): S.34
[18] vgl.Curtis, G.E ed. (1996): S.259
[19] Fischer Weltalmanach 2001

Landes für die Landwirtschaft geeignet sind.[20] Der Industriesektor bleibt mit 20% und nur 9,2% der Beschäftigten an letzter Stelle.

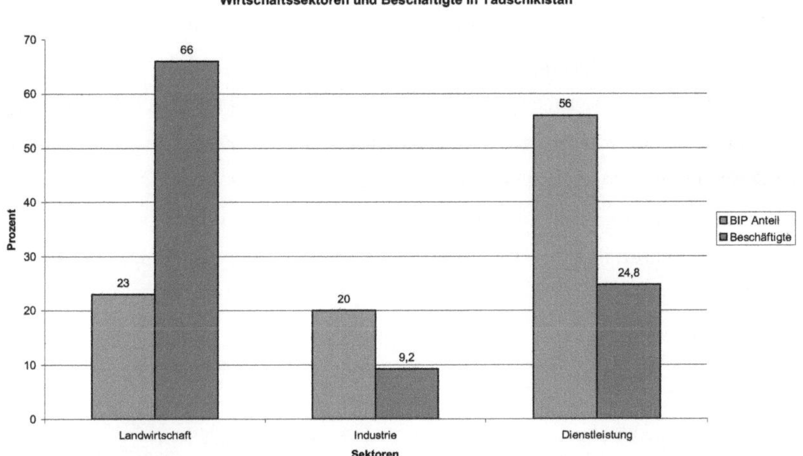

Abb. 3 Wirtschaftssektoren Tadschikistan

Quelle: Daten aus Fischer Weltalmanach 2006 (Darstellung von Paulina Holbreich)

Wenn man sich nun weiterhin die Daten zum Handel und zur Produktion anschaut, stellt man fest, dass die Waren für den Export hauptsächlich im ersten Sektor hergestellt werden. Hauptexportgüter sind Baumwolle, Aluminium, Obst und Gemüse, Tabak, und Strom. Importiert werden dagegen Erdöl- und Gas, Chemische Erzeugnisse, Maschinen, Fahrzeuge, sowie einfache Verbrauchsgüter (z.B. Grundnahrungsmittel).[21] Insgesamt dominiert der Import (1,329 Mio.$) gegenüber dem Export (908 Mio.$), was zu einem Handelsbilanzdefizit von 421 000 US-$ führt.[22] Russland war mit knapp 18% Anteil am Gesamtimport wichtigstes Ausfuhrland für Tadschikistan. Hauptimportgüter aus Russland sind Treibstoffe, Maschinen, Ausrüstungen, Holz, Industrieprodukte und Lebensmittel. Exporte nach Russland sind hingegen gering und liegen bei nur 8,2%.[23](Abb. 4) Die Niederlande sind mittlerweile Tadschikistans größter Einzelaußenhandelspartner mit über 425 Mio. $. Dieser große Anteil ist hauptsächlich auf den Aluminiumsektor zurückzuführen. Die Masse der tadschikischen Baumwollexporte werden über Märkte außerhalb der GUS abgewickelt, wobei Litauen 29%

---

[20] www.bfai.de
[21] www.met.tj/statistics.htm (2005)
[22] www.met.tj/statistics.htm (2005)
[23] www.bfai.de

der Gesamtbaumwolleinnahmen erbringt (zum Vergleich: Iran 21%). Der Außenhandel mit China steigt schnell, insgesamt erreichte er 99 Mio. $ 2005 und damit eine Jahressteigerung von 30%. Die Öffnung einer neuen Straßenverbindung zwischen Tadschikistans östlicher Provinz Gorno-Badachschan mit China im Frühjahr 2005 wird den Handel aller Voraussicht nach weiter deutlich voranbringen.[24] Investitionen werden vor allem von Russland, den USA/Kanada (Nelson Gold Corp., Gulf International Minerals) [25] und den Staaten der EU, sowie von Pakistan und dem Iran getätigt. Auch türkische Firmen wollen Hotel- und Kaufhausbauten in Duschanbe realisieren, außerdem wurden jüngst Verträge über ein türkisch-tadschikisches Joint Venture im Textilbereich über 74 Mio. $ unterzeichnet.[26] Große Investitionsvorhaben sind von dem Iran und Russland in den Bereichen Hydroenergie sowie Aluminiumindustrie geplant. Darauf wird in 4.2 ausführlicher eingegangen.

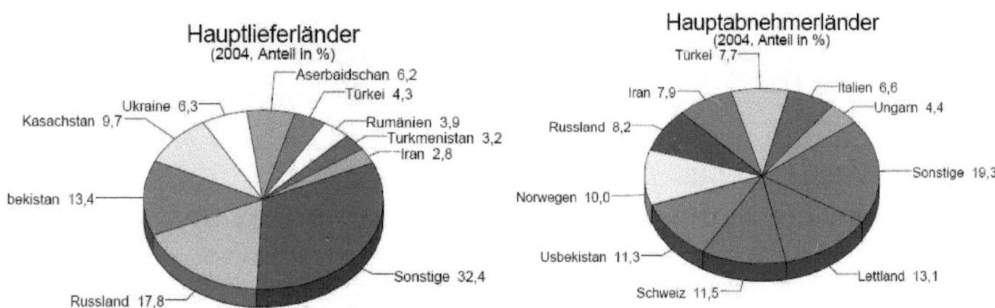

Abb. 4 Tadschikistans Handelspartner 2004
Quelle: www.bfai.de

Obwohl die Wirtschaft nach dem Zerfall der Sowjetunion und dem anschließenden Bürgerkrieg starken Schaden davongetragen hat, begann sie sich ab 1997 wieder zu stabilisieren. Darauf deuten nicht nur das relativ stabile hohe BIP Wachstum, sondern auch die gesunkene Inflationsrate von "nur" noch 7,1% (2004/2005) hin.[27] Dessen ungeachtet bleibt Tadschikistan einer der ärmsten Staaten der GUS.[28]

Die Armutsrate betrug 2003 laut dem Armutsbericht der Weltbank 64%, wobei innerhalb der Republik die höchste Rate in der Autonomen Republik Gorno-Badachschan (84%) und die niedrigste in Duschanbe (49%) vorzufinden war.[29] Das IWF Programm *Poverty Reduction*

---

[24] www.bfai.de
[25] Gold- und Silberförderung
[26] www.bfai.de
[27] www.auswaertiges-amt.de
[28] www.worldbank.org
[29] Ebd.

and Growth Facility (PRGF) hat im Februar 2006 den letzten Kredit von 9,8 Mio. US-$ vergeben. Insgesamt hat der IWF in drei Jahren Kredite im Wert von 94 Mio. US-$ zur Armutsbekämpfung, vor allem in den Bereichen Gesundheit und Bildung, in Tadschikistan erteilt. [30]

4   Die Zeit der Transformation ab 1991

Ein gleich zu Beginn der Transformationsperiode ausbrechender Bürgerkrieg prägte den Verlauf und Inhalt sowie die bisherigen Ergebnisse der politischen und wirtschaftlichen Transformation in Tadschikistan nachhaltig.[31] Dieses zentralasiatische Land erlebte den Wandel als etwas Brutales und Ungesteuertes, der von Gewalt überschattet war.

Tadschikistan wird von der Weltbank als ein „Spätstarter" unter den Transformationsländern bewertet. Reformen sind erst nach dem Ende des Bürgerkrieges ab 1997 in Angriff genommen worden. Die Stabilisierung marktwirtschaftlicher Institutionen und Instrumente (Förderung der privatwirtschaftlichen Gewerbe-, Finanz-, Banken- und Landwirtschaftssektoren), die Weiterführung der Privatisierung, Effektivierung der Verwaltung des öffentlichen Sektors, Liberalisierung des Handelsregimes, Stützung des Bildungs- und Gesundheitswesens sowie ein umfassendes Programm zur Bekämpfung der Armut stellen nur die wichtigsten Vorhaben dar.[32]

Die Privatisierung schreitet mit einem moderaten Tempo voran. Von den 9.200 erfassten Einheiten sind bisher über 8.700 privatisiert worden. Damit ist die Privatisierung im Bereich der kleinen Unternehmen - hauptsächlich Handel sowie Gast- und Kleingewerbe - fast vollständig abgeschlossen. Die meisten mittelständischen und Großunternehmen wurden in Aktiengesellschaften umgewandelt. Dennoch verbleiben die größten Unternehmen, wie das tadschikische Aluminiumwerk, das allein mehr als 40% der industriellen Produktion leistet, oder auch die Fluggesellschaft Tajik Air, weiterhin in Staatsbesitz.[33]

Politisch gestaltet sich die Lage ähnlich wie in den übrigen mittelasiatischen Republiken. Das Herrschaftssystem ist zentralistisch und oligarchisch, nicht jedoch totalitär, wie beispielsweise in Turkmenistan. Präsident *Rahmonov* (*Demokratische Volkspartei*), seit 1992 an der Macht, wird voraussichtlich auch bei den Wahlen im Herbst 2006 im Amt bestätigt. Die wichtigsten Opponenten, die *Sozialdemokratische Partei* und die *Partei der islamischen Wiedergeburt*,

---

[30] www.bfai.de
[31] www.bertelsmann-transformation-index.de
[32] Ebd.
[33] www.bfai.de

bezichtigen *Rahmonov* und seine Verbündeten die Gegenkandidaten einzuschüchtern und dabei zu hindern bei den Wahlen gegen ihn anzutreten. Vermutlich sei der Präsident durch den politischen Machtwechsel in Kirgisien, wo der Ex-Präsident Akaev im vergangenen Jahr sein Amt an die Opposition abtreten musste, besorgt und versucht nun mit allen Mitteln [34] seine Position unanfechtbar zu machen.[35]

Diese komplizierten wirtschaftlichen und politischen Verhältnisse, sowie deren Auswirkungen auf die Chancen für Wachstum und Entwicklung werden nun in den folgenden Abschnitten dargestellt. Der letzte Teilabschnitt behandelt ein aktuelles Thema, den Drogenhandel an der Grenze zu Afghanistan.

4.1 Der Bürgerkrieg 1991-1997

Der Zerfall der Sowjetunion und die neu erlangte Unabhängigkeit am 9. September 1991 (nationaler Feiertag) steuerten das Land in eine tiefe führungspolitische Krise. Die Machtfrage zwischen den Alt-Kommunisten und den Oppositionsparteien, die sich schon Ende der 80er Jahre formierten, verschärfte die schlechte wirtschaftliche Lage und die sozialen Konflikte innerhalb des Landes.

Die Schlagworte der neuen Oppositionellen waren sehr wage formuliert und lauteten Demokratie, Nationalstaat und Islam.[36] Ihr gemeinsames Ziel stellte die Wiederbelebung der tadschikischen Identität dar, die unter sowjetischer Führung sieben Jahrzehnte lang unterdrückt und zerstört wurde. Allerdings waren die neuen Parteien regional deutlich voneinander abgegrenzt und repräsentierten jeweils oft eine der fünf Provinzen (siehe 3.3). Es gab Anfang der 90er Jahre folgende oppositionelle Parteien: [37]

- Wiederbelebung Chudjands (Leninabad)
- Oshkoro (Kuljab)
- Rubin des Pamir (Gorno-Badachschan)
- Demokratische Partei Tadschikistans (bis 1990 „Rastokhez" [38])
- Partei der islamischen Wiedergeburt [39]

---

[34] Im Mai 2006 wurde ein Mitglied der Partei der islamischen Wiedergeburt zuerst verhaftet und dann ermordet.
[35] www.eurasianet.org
[36] vgl. Reissner, J. (1997): S. 9
[37] vgl. Reissner, J. (1997): S.11
[38] Aus dem persischen: Wiedergeburt
[39] Gründung schon 1976 vor der iranischen Revolution 1979; KGB ließ die Führer verhaften

Das Putschjahr 1991 führte zum Rücktritt des Chefs der Kommunistischen Partei *Quahor Mahkamov*. Schon am 24. November werden Wahlen zum Staatspräsidenten durchgeführt und *Rahmon Nabijew*, ebenfalls aus der ehemaligen Leninabader (alter Name für Chudjand) Führungsschicht (Kommunistische Partei), zum neuen Staatspräsidenten gewählt, der die Kommunistische Partei, die kurz zuvor verboten wieder zuließ.[40]

Im Mai 1992 kam es in der Hauptstadt zu Demonstrationen der Pamirischen Bevölkerung, die eine Unabhängigkeit der autonomen Republik Gorno-Badachschan forderten und denen sich auch andere oppositionelle Anhänger der oben genannten Parteien anschlossen. Diese Demonstrationen endeten in blutigen Auseinandersetzungen zwischen den verschiedenen Interessensgruppen und dienten als Auslöser für weitere bewaffnete Kämpfe im Süden des Landes zwischen Kuljab und Kurgan-Tjube. Im Herbst 1992 übernahmen die Kuljabis von den Leninabadern die Macht. Der frühere Vorsitzende der Kuljaber KP, *Emomali Rahmonov*, wurde zum Parlamentspräsidenten gewählt, da das Amt des Staatspräsidenten ganz abgeschafft wurde.[41] Die schon im Sommer gebildete „Volksfront", die militärisch von Russland und Usbekistan (Luftwaffe) unterstützt und von den Kuljabern angeführt wurde, nahm am 10. Dezember 1992 die Hauptstadt Duschanbe ein. Somit war die KP wieder an der Macht, dies führte jedoch keinesfalls zur Beendigung der inländischen Konflikte. Bewaffnete Überfälle auf russische Militärs, Tote und Tausende Flüchtlinge folgten in den Jahren 1992 bis 1997. Insgesamt fünf Innertadschikische Gespräche in verschiedenen Staaten [42] fanden in den Jahren 1994-1997 statt, die die oppositionellen Parteien zu einem Frieden und einem Waffenstillstand bewegen wollten. Obwohl diese Gespräche letzten Endes einen wichtigen Beitrag zur Beendigung des Bürgerkriegs in Tadschikistan geleistet haben, war die grobe Einteilung der Konfliktparteien in Regierung und Opposition nicht wirklich repräsentativ. Es waren die vielen kleinen regionalen Gruppierungen, die den vereinbarten Waffenstillstand immer wieder mit Überfällen gebrochen haben und den Konflikt wieder aufflammen ließen. [43]

In diesem Bürgerkrieg spielten aber auch externe Interessensgruppen der angrenzenden Staaten und Russlands eine Rolle. Russland hat seine Vormachtstellung in Tadschikistan behalten können und auch Afghanistan sowie Usbekistan konnten ihre territorialen Grenzen verteidigen.

---

[40] vgl.Reissner, J. (1997): S. 18
[41] Ebd.: S. 19
[42] Moskau, Teheran, Islamabad, Ashkhabad
[43] vgl. Reissner, J. (1997): S. 7

4.2 Wirtschaftliche Potentiale der Transformationswirtschaft

Tadschikistan hat den Übergang von der Plan- zur Marktwirtschaft aufgrund des langen Bürgerkriegs erst viel später angefangen, jedoch ist es dem Land gelungen innerhalb von nur 9 Jahren die anderen Transformationsländer in einigen Bereichen einzuholen. Der Reichtum an Rohstoffen und Bodenschätzen wie Kohle, Salz, Aluminium, Quecksilber, Gold, Silber, Zink und Blei hat dem Land geholfen seine wirtschaftliche Lage zu verbessern. (siehe Abb. 4) Das Tadschikische Aluminium Werk im Westen an der usbekischen Grenze ist das einzige in Zentralasien und versorgte schon früher viele Sowjet-Republiken mit diesem wichtigen Metall. Nun zeigt Russland wieder starkes Interesse am tadschikischen Aluminium und RUSAL will Millionen für die Modernisierung und Ausweitung der Produktion investieren. Der Baus einer weiteren Aluminiumschmelze wird in Angriff genommen, sobald der entsprechende Energiebedarf durch die Fertigstellung eines Wasserkraftwerkes im Süden des Landes (bei Sangtudah) gedeckt werden kann.[44] Das Privatisierungsvorhaben der tadschikischen Aluminiumwerke, wobei RUSAL als wichtiger Teilhaber in Gespräch war, ist 2006 gescheitert. Der russische Konzern hat indessen ein weiteres zukunftsfähigeres Potential im Visier, welches dieses Transformationsland in Zukunft effizient nutzen und weiterentwickeln kann.

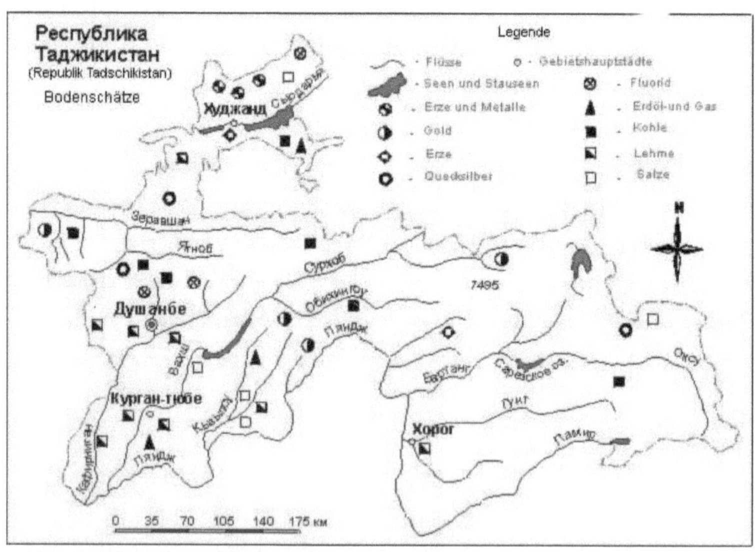

Abb. 5 Rohstoffe und Bodenschätze Tadschikistans
Quelle: http://enrin.grida.no/htmls/tadjik/soe2/rus/htm/maps.htm   (Nachbearbeitung von Paulina Holbreich)

[44] www.bfai.de

Die Hydroenergie bzw. Wasserkraft der zahlreichen Flüsse des Landes ist eine der wichtigsten Ressourcen und ein möglicher wirtschaftlicher Motor. Wie auch schon in Abschnitt 2.3 beschrieben, sind die hydrologischen Reserven Tadschikistans sehr reichhaltig und wurden auch schon zu Sowjetzeiten genutzt. Über 80% des verfügbaren Wassers werden für die Bewässerung landwirtschaftlicher Flächen und hier insbesondere für die Baumwollplantagen gebraucht. Da Baumwolle eines der wichtigsten Export-Güter darstellt, ist die effiziente Nutzung der vorhandenen Wasserressourcen sehr wichtig. Außerdem sind im Agrarsektor über die Hälfte der Bevölkerung tätig, die oft nur von den erwirtschafteten Erträgen abhängig sind. Nur 4,5% der Wassers werden in der Industrie und 8,5% für den Eigenbedarf aufgebraucht. (Abb. 6)

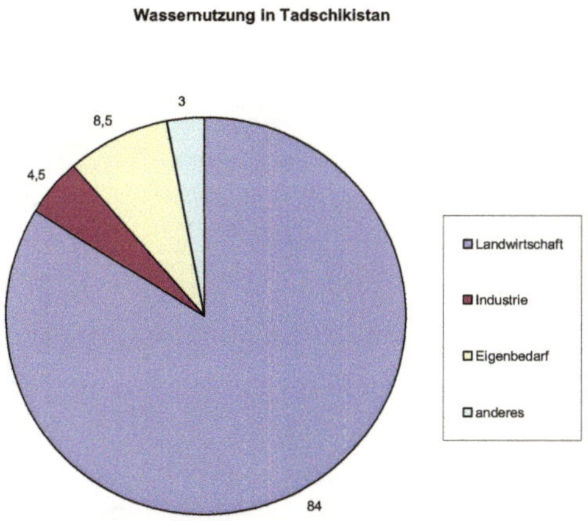

Abb. 6 Wassernutzung
Quelle: MIWR http://www.untj.org/files/reports/NHDR_2003.pdf

Die Anfänge der Nutzung von Wasserkraft reichen auf die 40er und 50er Jahre zurück. Drei Wasserkraftwerke auf dem Fluss Varzob (siehe Nr.8 in Abb.5) in der Zentralregion wurden gebaut und lieferten 25 000 Kilowatt Energie, die jedoch schon bald für den wachsenden Bedarf der Industrie nicht mehr ausreichte.[45] 1956 baute man auf der Syrdarja ein leistungskräftigeres Kraftwerk, das Kajrakumer WKW (Nr. 9), welches nun 125 000 Kilowatt produzierte und es dem Land ermöglichte einen Energieüberschuss in die angrenzenden

---

[45] www.tajikpower.iteca.kz

zentralasiatischen Republiken zu exportieren. [46] Es folgte der Bau von drei weiteren Wasserkraftwerken auf dem Fluss Vahsh: Perepadnaja, Golownaja und Zentrale WKW. Im Jahre 1979 wurde das größte Wasserkraftwerk des Landes und der ganzen Region in Betrieb genommen, das Nurek WKW mit 2700 Megawatt, welches damals zu den 30 leistungsstärksten der Welt gehörte.[47] Die seismische Gefährdung in diesem Gebiet erforderten jedoch eine besonders stabile Konstruktion des Staudammes, der nicht aus einer Betonwand besteht, sondern einer über 700m langen Aufschüttung aus Steinen und Erde mit einem inneren Betonkern. Der bereits 1976 begonnene Bau des Rogunskaja WKW stellt zurzeit das wichtigste Bauvorhaben im Bereich Hydroenergie dar. Ein großer Teil der 1993 zum Teil fertig gestellten Konstruktion wurde bei einer Naturkatastrophe [48] zerstört. Die Wiederaufnahme dieses Projekts im Herbst 2004 wurde zwischen der tadschikischen Regierung und dem russischen Aluminiumkonzern RUSAL vereinbart. [49] Bis Ende 2006 sollen Investitionen in Höhe von 70 Mio. US-$ in dieses riesige Bauvorhaben fließen. Die

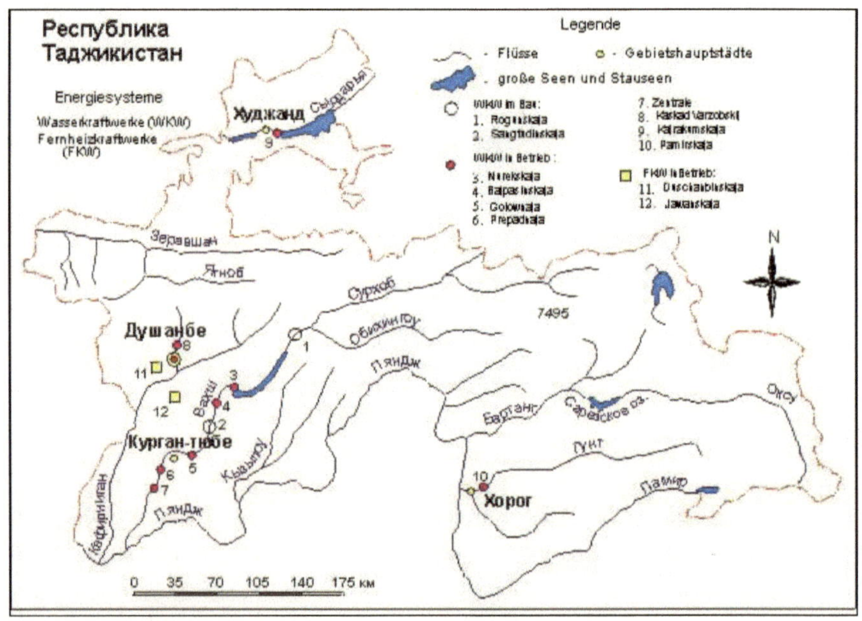

Abb. 7 Energiesysteme
Quelle: http://enrin.grida.no/htmls/tadjik/soe2/rus/htm/maps.htm (Nachbearbeitung von Paulina Holbreich)

---

[46] Edb.

[47] www.tajikpower.iteca.kz

[48] Ein riesiger Erdrutsch, ausgelöst durch andauernde Regenfälle, ging in den Vahsh nieder und verursachte eine Flutwelle, die die 40m hohe Staudammwand durchbrach und einen großen Teil der Infrastruktur zerstörte.

[49] www.rusal.ru

Bauarbeiten werden überwiegend von tadschikischen Baufirmen durchgeführt, wobei die technische Ausrüstungen und Maschinen in Russland eingekauft werden. Der Fertigbau soll die höchste Staudammwand der Welt bilden und wird ca. 13 000 Gigawatt pro Stunde liefern können. Der Stausee wird ein Fassungsvermögen von 13,3 km³ Wasser haben, welches zur Versorgung und zur Bewässerung der Region genutzt werden soll. Mit iranischen und russischen Investitionen arbeitet Tadschikistan zurzeit auch noch an der Realisierung des 900 MW Kraftwerkes Sangudinskaja im Süden des Landes.[50] Diese beiden Projekte könnten für Tadschikistan die Chance eröffnen sich mehr am Außenhandel zu beteiligen. Zwar ist die Abhängigkeit von Russland nicht zu leugnen, jedoch kann die Realisierung der großen Bauvorhaben auch ein positives Zeichen für andere ausländische Investoren sein in diesem Land weitere größere Projekte zu realisieren. Es ist nicht nur ein Zeichen für politische Stabilität sondern auch dafür, dass Tadschikistan sich nicht von der Außenwelt abschottet, wie z.B. Turkmenistan. Aufgrund der mangelhaften Zusammenarbeit der zentralasiatischen Länder d.h. deren Handelsbarrieren, setzt Tadschikistan zunehmend auf einen Ausbau seiner Beziehungen nach Süden, wo dem Land auch kulturelle und sprachliche Gemeinsamkeiten zugute kommen.[51] Die Türkei, der Iran und China zählen bereits zu bedeutenden Investitions- und Handelspartnern.

4.3 Drogenhandel

Die Zusammenarbeit und die Handelsbeziehungen mit dem südlichen Nachbarland Afghanistan werden immer wieder von den Medienberichten über den florierenden Drogenhandel und Weitertransport nach Russland und nach Europa über Tadschikistan und die anderen zentralasiatischen Republiken überschattet. Afghanistan gilt als der weltweit größte Produzent von Rohopium, der aus Schlafmohn gewonnen wird. Die Nähe zu Tadschikistan und der große Anteil der tadschikischen Bevölkerung im nördlichen Afghanistan begünstigen den Handel und den Transport. Die Drogenmafia besteht hauptsächlich aus korrupten Grenzposten an der 1500 km langen tadschikisch-afghanischen Grenze. Grund für die Korruption sind die hohen Profite aus dem „Transitverkehr". Um den Drogenhandel einzudämmen müssen zunächst einmal die Besoldung und die Motivation der

---

[50] www.bfai.de
[51] www.bfai.de

Grenzposten steigen. Außerdem ist die schlechte Ausstattung der Soldaten mit Nachtsichtgeräten und guten Fahrzeugen ein Grund für die schlechte Überwachung.

Der Drogenhandel, dem die UN einen erheblichen Anteil von 30-50% an wirtschaftlichen Nebentätigkeiten zuzählt, wirft nicht nur ein schlechtes Licht auf die gesamtwirtschaftliche Entwicklung, sondern gefährdet die gesundheitliche Situation der Menschen im Land. So stieg in den Jahren 1996-2000 der Heroinkonsum um 74% an. 50 000 von 6,5 Mio. Einwohnern Tadschikistans sollen drogensüchtig sein. Im Vergleich zu Usbekistan mit seinen 25 Mio. Einwohnern, sind dort „nur" 90 000 drogenabhängig. Ein Grund für diesen enormen Zuwachs an Drogenkonsum ist der niedrige Heroinpreis und die „gepriesene" gute Qualität. Für einen Kilogramm Heroin verlangen die Händler in Moskau rund 150 000US-$, in Tadschikistan kostet die gleiche Menge nur 15 000US-$.[52]

Um der Situation Herr zu werden ist 1999 ein tadschikisches Drogenbekämpfungsministerium ins Leben gerufen worden. Mit Unterstützung der *UN Office on Drugs and Crime* wurden 2.5 Mio. US-$ investiert, vor allem in die Kommunikationsausstattung der Drogenfahnder.

Erste Erfolge folgten schon ein Jahr nach der Gründung des Ministeriums. Über vier Tonnen verschiedener Arten von Drogen wurden in den ersten neun Monaten beschlagnahmt.[53] Als Reaktion auf diese erfolgreiche Maßnahme fiel der Preis für Opium in Afghanistan.

5   Fazit

Die Ausgangsbedingungen für Transformation waren überaus schwierig, insbesondere im wirtschaftlichen Bereich bestand keine gewachsene Volkswirtschaft. Ohne nationale Kapitalbasis musste zu einem kapitalistischen Wirtschaftssystem übergegangen werden, eine nationale Unternehmerschicht entsprang gewalttätigen Eigentumsumverteilungskämpfen bzw. undurchsichtigen Quellen (Korruption, Drogenhandel). Die im Land vorhandenen Ressourcen sowie die Infrastruktur wurden durch einen Bürgerkrieg substanziell erschüttert.[54] Dennoch zeichnet sich zumindest aus wirtschaftlicher Sicht eine Verbesserung der Lage. Es fließen wieder Investitionen und die Privatisierung schreitet sicher voran. Die generelle Reformwilligkeit der Regierung und weitgehende Beachtung entsprechender Empfehlungen internationaler Finanzinstitutionen haben Tadschikistan in den letzten Jahren ein robustes

---

[52] www.iwpr.net
[53] www.unodc.org
[54] www.bertelsmann-transformation-index.de

Wirtschaftswachstum, Geldwertstabilität sowie einen entscheidenden Rückgang der Auslandsverschuldung gebracht.[55] Tadschikistan unterhält enge wirtschafts-politische Beziehungen mit Russland, aber auch mit anderen Staaten wie den USA und der EU. Die interessante geo-politische Lage als Grenze zwischen den alten Feinden USA und Russland macht das Land aus strategischer Sicht attraktiv und beeinflusst unter anderem die Investitionsvorhaben und die Intervention Russlands in Tadschikistan. Die politische Lage gestaltet sich immer noch kompliziert, regionale Eliten bestimmen die Grundlagen der staatlichen Entwicklung, so ist Präsident *Rahmonov* und seine Verbündeten unmittelbar am Erhalt ihrer Machtpositionen interessiert. Dennoch ist durchaus eine vielfältige politische Landschaft vorhanden und es besteht weitgehend eine gesellschaftliche Akzeptanz der Regierungspartei. Diese Tatsache wirkt sich positiv auf die innerpolitische Stabilität und gesellschaftliche Transformation aus, die in kleinen Schritten voranschreitet.

---

[55] www.bfai.de

Quellen

Literatur:

Bertelsmann Transformationsindex (2003): Tadschikistan.
www.bertelsmann-transformation-index.de/fileadmin/pdf/de/2003/CISAndMongolia/Tadschikistan

Bundesagentur für Außenwirtschaft (2005):Wirtschaftsdaten Kompakt: Tadschikistan.
www.bfai.de

Buschkow, W. (1997): Russen und Russischsprachige in Zentralasien. Eine russische Sicht.
Berichte des Bundesinstituts für ostwissenschaftliche und internationale Studien. Köln.

Buschkow, W. (1995): Politische Entwicklung im nachsowjetischen Mittelasien. Der
Machtkampf in Tadschikistan 1989-1994. Berichte des Bundesinstituts für
ostwissenschaftliche und internationale Studien. Köln.

Curtis, G.E ed. (1996): Kazakstan, Kyrgystan, Tadjikistan, Turkmenistan and Uzbekistan.
Country studies.Library of Congres Catologing-in-Publication Data.Washington. S.197-290.

Diercke Weltatlas (2000); Braunschweig.

Fischer Weltalmanach (2006): Zahlen, Daten, Fakten. Frankfurt/Main.

Franz, H-J. (1974): Physische Geographie der Sowjetunion. Leipzig.

Gumpenberg, M.-C. von. (2002): Zentralasien. Ein Lexikon. München.S. 261-272.

Hurni,H./Breu, T./Ludi, E./Portner, B. (2004) :Der tadschikische Pamir. In: Geographische
Rundschau Heft 10. S. 60-65.

Karger,A. (1985): Sowjetunion. Fischer Länderkunde. Frankfurt am Main.

Reissner, J. (1997): Bürgerkrieg in Tadschikistan. Ursachen, Akteure, verlauf und Friedenschancen. Stiftung Wissenschaft und Politik. Ebenhausen.

Rzehak, L. (2004): Das tadschikische Phänomen. In: Geographische Rundschau Heft 10. S. 66-70.

Seifert, A.C. (2002):Risiken der Transformation in Zentralasien. Das Beispiel Tadschikistan. Deutsches Orient-Institut Hamburg. Mitteilungen Band 64.

Stadelbauer, J. (1996): Die Nachfolgestaaten der Sowjetunion. Darmstadt.

Strahler, A.H./Strahler, A.N. (1999): Physische Geographie. Stuttgart.

Online:

http://enrin.grida.no/htmls/tadjik/soe2/rus/htm/maps.htm

http://www.klimadiagramme.de/Asien/leninabad.html

http://www.tajikpower.iteca.kz/ru/2006/power_resources/

http://news.ferghana.ru

http://nvo.ng.ru/forces/2005-04-15/3_nurek.html

http://www.rtc.ru/encyk/publish/art_030423_03.shtml

http://www.met.tj/statistics.htm

http://www.bertelsmann-transformation-index.de/fileadmin/pdf/de/2003/CISAndMongolia/Tadschikistan.pdf

http://www.auswaertiges-amt.de/diplo/de/Laenderinformationen/Tadschikistan/Wirtschaft.html

http://www.rusal.ru/press/presentation/rogun_hps/

http://www.iwpr.net/?apc_state=henprca&l=ru&s=f&o=262163

http://www.eurasianet.org/russian/departments/civilsociety/articles/eav051806ru.shtml

http://www-wds.worldbank.org/external/default/WDSContentServer/IW3P/IB/2005/03/25/000011823_200503251
51619/Rendered/PDF/308530TJ0white0cover0P07911701public1.pdf

BEI GRIN MACHT SICH IHR WISSEN BEZAHLT

- Wir veröffentlichen Ihre Hausarbeit,
  Bachelor- und Masterarbeit

- Ihr eigenes eBook und Buch -
  weltweit in allen wichtigen Shops

- Verdienen Sie an jedem Verkauf

Jetzt bei www.GRIN.com hochladen
und kostenlos publizieren